图解家装细部设计系列
Diagram to domestic outfit detail design

楼梯&小空间666例
Stair & Small space

主 编：董 君 / 副主编：贾 刚 王 琰 卢海华

U0215394

中国林业出版社

目录 / Contents

楼梯 / 05

楼梯选购要点：（1）安全性：楼梯在室内起到路径的功能，因此其安全与否是头等大事。楼梯的安全性首先体现在其承重能力上，特别是玻璃楼梯，能否承受家人之"重"尤为重要。其实，楼梯装好后还要采取一定的防滑措施。再次，楼梯的所有部件应光滑、圆润，没有突出的、尖锐的部分，以免对家人造成伤害。（2）舒适性：如果采用金属作为楼梯的栏杆扶手，那么最好在金属的表面做一下处理，以防止金属在冬季时产生冰冷不适之感。（3）美观性：楼梯的风格要与整个家居的装饰相吻合，如果满室金碧辉煌，唯有楼梯简陋不堪，那就成了败笔。（4）时尚性：平淡的楼梯一旦有了时尚的元素，也就不平凡起来。（5）环保性：如同所有家具一样，楼梯也可能挥发有害的化学物质，比如实木的踏步要经过油漆工序，这一点很容易被人忽略。

小空间 / 105

小空间设计要点：（1）要使用"轻装修"：小空间减少了固定笨重的装修，空间被挪出来了，人才能活得自在。（2）最少最精的家具制造最精采的小空间：小空间更应慎选精巧的家具，把空间让出来。（3）小空间的布置，应以人为主，收纳为辅：小空间的布置，也应以人为主，而以家具收纳为辅，因为空间小，设计回归以人为本。（4）"超低度天花板" 创造最高的空间感：空间要做大，一定得要从天花板动脑筋。（5）小空间应避免繁复图腾或过度张牙舞爪的装饰，但太过清淡"自然味"是有了，但又未免流于单调，焦点垂吊灯具创造视觉焦点。（6）以油漆彩墙，创造视觉立体感：油漆是最有效改变家居氛围的材料，一般人以为小空间面积较局促，墙壁一定要刷白才有空间扩大的效果，其实不然，彩墙颜色若挑选得宜，反而能做出深度感，拉大空间的视觉效果。

对称\简约\朴素\大气\庄重\雅致\恢弘\壮丽\华贵\高大\对比\清雅\含蓄\端庄\对称\简约\朴素\大气\对称\简约\朴素\大气\庄重\雅致\恢弘\壮丽\华贵\高大\对比\清雅\含蓄\端庄\对称\简约\朴素\大气\端庄对称\简约\朴素\大气\庄重\雅致\恢弘\壮丽\华贵\高大\对比\清雅\含蓄\端庄\对称\简约\朴素\大气\对称\简约\朴素\大气\庄重\雅致\恢弘\壮丽\华贵\高大\对比\清雅\含蓄\端庄\对称\简约\朴素\大气\对称\简约\朴素\大气\庄重\雅致\恢弘\壮丽\华贵\高大\对比\清雅\含蓄\端庄\对称\简约\朴素\大气\对称\简约\朴素\大气\庄重\雅致\恢弘\壮丽\华贵\高大\对比\清雅\含蓄\端庄\对称\简约\朴素\大气\端庄对称\简约\朴素\大气\庄重\雅致\恢弘\壮丽\华贵\高大\对比\清雅\含蓄\端庄\对称\简约\朴素\大气\对称\简约\朴素\大气\庄重\雅致\恢弘\壮丽\华贵\高大\对比\清雅\含蓄\端庄\对称\简约\朴素\大气\对称\简约\朴素\大气\庄重\雅致\恢弘\壮丽\华贵\高大\对比\清雅\含蓄\端庄\对称\简约\朴素\大气\端庄对称\简约\朴素\大气\庄重\雅致\恢弘\壮丽\华贵\高大\对比\清雅\含蓄\端庄\对称\简约\朴素\大气\对称\简约\朴素\大气\庄重\雅致\恢弘\壮丽\华贵\高大\对比\清雅\含蓄\端庄\对称\简约\朴素\大气\对称\简约\朴素\大气\庄重\雅致\恢弘\壮丽\华贵\高大\对比\清雅\含蓄\端庄\对称\简约\朴素\大气\端庄对称\简约\朴素\大气\庄重\雅致\恢弘\壮丽\华贵\高大\对比\清雅\含蓄\端庄\对称\简约\朴素\大气\对称\简约\朴素\大气\庄重\雅致\恢弘\壮丽\华贵\高大\对比\清雅\含蓄\端庄\对称\简约\朴素\大气\恢弘\壮丽\华贵\高大\对比\清雅\含蓄\端庄\对称\约\朴素\大气\恢弘\壮丽\华贵\高大\对比\清雅\含蓄\端庄\对称\庄重\\朴素\大气\恢弘\壮丽\华贵\高大\对比\清雅\含蓄\端庄\对称\庄重\

楼梯设计要素：通常情况下，首先就应该要对噪音大小进行考虑，噪音通常要比较小。同时不仅要非常结实，安全性也要比较高，而且非常的美观。在日常的使用过程当中，不会发出比较大的声音。当然还应该要使用到环保材料，环保是当前首要考虑的问题之一，只有环保较好，才能对家人的身心健康有益。与此同时，就应该要对楼梯设计规范有所掌握。

楼梯设计风格：不同的房屋，相应的风格，自然会有所不同。当前房屋设计的时候，主要的风格包括，复古风格、欧式风格、日韩风格。因此在对楼梯设计的时候，就应该要与相应的风格一致，毕竟楼梯时房屋当中的一部分。而对楼梯设计规范进行了解，就显得非常重要。而在选择材料的时候，可以考虑选择木质或者不锈钢材质。

楼梯设计类型：每一个家庭，都希望自己的楼梯，款式比较新颖，而且整体实用性比较强。那么在对楼梯设计的时候，就应该要对楼梯设计规范有所了解。如果是设计成优美并且省地的楼梯，那么就可以考虑选择旋转型，这款楼梯有着优美的曲线，独具艺术气息。而弧形楼梯，相对而言，就显得比较大方美观，给人一种大气的感觉。

奇异的回转角度与一泻而下的个性灯具共同打造壮观的楼梯。

一整面原木做扶手温暖而质朴。

分离的白色踏板与连接上下的竖栏杆让楼梯也有了钢琴般的乐感。

玻璃扶手使楼梯间视线也开阔起来。

木质直行梯传递出自然沉稳的气息。

黑色的轮廓增添了楼梯的时尚感。

楼梯一侧的暗灯增添了情调也照亮了脚下。

铁质薄片台阶充满干练与帅气。

台阶横切面的黑色大理石使楼梯更显高贵神秘。

悬空的米色楼阶像通往神殿的捷径。

白色木阶简约又拙朴。

纯色原木与恰到好处的角度使每一台阶都连贯起来好似滑梯。

深色木阶带来浓浓的大自然气息。

一段直行梯撑开了高广的空间。

转角的平行和直角将两层楼梯扶手巧妙连接起来。

自上而下的扶手栏杆将上下空间联成一体。

橡木材料的楼梯与水泥石材完美接合。

楼梯旁边的装置活跃了空间。

在窄小的空间里紧挨着的楼梯呈现对称美。

悬空的直形梯为下层节约了许多空间。

白色大理石阶与淡绿色玻璃扶手给人明亮优雅的视觉享受。

精致雕琢的扶手栏杆展现欧式的华美。

灯光下互不连接的台阶倒影好似钢琴琴键。

木阶旋转的转角似要将人带入林间小屋。

黑色轮廓分隔正反阶梯妙不可言。

纯黑的水平面搭配白色横切面是摩登的潮流。

黑色阶梯与黑色扶手相互呼应。

白色楼阶晶莹剔透搭配一气呵成的黑色扶手撞出未来感。

黑色的楼梯成为视觉的中心。

白色的墙面和浅色的楼梯搭配和谐。

错落有致的方框扶手尽显层次感与空间美。

深蓝色楼阶似乎带来了海水的潮气。

不事雕琢的楼梯扶手展现天然淳朴的质感。

黑与白急速旋转出优雅与现代。

以横栏杆为主的铁棍扶手造型独特拉风。

墙壁上看似多余的扶手使楼梯创意十足。

平台与楼梯用一致的木板铺成使天然的感觉流畅完整。

楼梯一侧的小灯在夜晚起到照明的作用。

楼梯扶手转出优美弧度。

略厚的石膏扶手与木质楼阶都给人踏实温暖的感觉。

欧式风格的实木扶手使楼梯变华丽。

木板铺盖宽宽的楼阶于舒适中加入自然元素。

玻璃扶手将楼梯间的光灯映照的更美。

长长的楼阶慢慢的转出优雅的弧度。

棕色精雕扶手与大理石楼阶搭配完美呈现奢华品味。

通过充分利用闲置的楼梯空间尽展艺术魅力。

暗纹玻璃与金属栏杆时尚中带有雅兴。

金属扶手更显楼梯角度流畅舒适。

没有扶手的楼梯使空间更连通开阔。

玻璃扶手不会遮挡向下的视线。

巧妙的设计使楼梯变成个性的书架。

宽而略薄的木板交错堆积使楼梯正反面完美对称。

大玻璃板既是房间隔断更是楼梯防护的一面。

木质台阶面增添中式古风韵。

交错的直形梯节约了空间。

陡而窄的跃层楼梯却使生活多了一种趣味。

玻璃扶手不妨碍厚重而自然的楼阶也成为房中一景。

墙壁上的扶手简单便捷。

楼梯扶手呈现出不一样的几何美。

纯木质楼阶扶手将中式宁静的格调展现出来。

不规则的宽阶使行走多了很多可能。

厚重的实木扶手在玻璃两侧上下呼应。

干净而大气的楼梯空间。

顺势而下的墙壁条带与楼梯形影不离。

两面全木质的高墙将木阶梯带入幽静森林。

墙壁上黑色竖条纹使回折的楼梯更高更长。

自上而下的实木条使楼梯在不同的角度有了不一样的画面。

铺开的楼阶让楼梯更通透随性。

纯白楼阶于木质扶手打造出天然的简约。

黑色大理石楼梯闪耀着华贵的光泽。

楼梯的灰色使空间充满工业艺术气息。

蓝色让楼梯多了一丝活泼愉悦。

纯黑楼梯增加过道的旧建筑之美。

黑色木阶梯既匹配现代又迎合中式。

楼梯笔直的斜线条让背景墙呈现出区域美感。

深色实木精雕扶手与大理石旋转楼阶释放出欧式高贵迷人的气质。

中式镂空扶手体现文化底蕴。

白色大理石花纹楼梯有一种高雅的美感。

靠里侧的金属横条使每阶楼梯更分明。

土黄色使木制楼梯更接地气。

精致的楼梯与背景墙充满空间搭配感。

连续转弯的楼梯呈现出连贯的曲线。

独特的侧面设计使短阶楼梯也充满艺术感。

实木边框及玻璃上的几何构图与整体家居一派和谐。

大落地窗洒在楼阶上使白色大理石更加明亮夺目。

消失的一侧扶手反而使楼梯融入房间。

悬着的楼阶下藏了许多花草宝贝。

素色楼梯藏在大石膏墙面后给人别有洞天的观感。

干净的玻璃扶手面正好展现出古朴的实木楼梯。

婉转的弧度使楼梯也浪漫多姿。

宽广的第一阶楼梯增强了其于整体家居中的存在感与装饰性。

一侧的暗灯打在原木楼阶上使其更加柔和温馨。

从深深的楼梯井中欣赏底层的艺术品别有一番风味。

极简的扶手与楼阶设计展现出抽象的艺术美。

灯光让楼梯也为房间增添了一种独有的情调。

宽矮的楼阶使楼梯给人舒服大气的感觉。

从一点旋转而上给人急速的美感。

一整块原木板材做楼梯扶手既有突兀的个性又有自然的和谐。

做旧处理的楼梯有种古老别墅的气息。

设置在中央的楼梯起到区分房间功能区的作用。

悬空的楼阶间适当的距离使精新挑选的壁纸不被遮盖。

一整块木材做第一阶楼梯更显原生态的品质。

纯原木打造的无扶手楼梯将家人带入林中小屋。

略陡的楼梯使楼阶紧凑节约空间。

近乎 360 度的旋转与地砖大圆交相呼应。

极简风格的楼梯十分搭配现代化的家居。

黑色条带使纯白的立体空间得以区分开来。

夹在纯白墙壁间的木质楼梯更显自然清新。

正方形悬浮铁质楼梯更以消失的扶手打造超现代的观感。

楼梯背面地面铺满白色石子别有一番情调。

实木宽楼梯体现树木宽厚沉稳的特性。

楼梯的玻璃扶手使空间变幻交错。

透明玻璃扶手使悬浮楼梯好似由魔力托起一样。

实木楼梯亦长亦短达到一梯两用的效果。

木材原有的纹路使楼梯更显自然拙朴。

简单的设计更突出楼梯基本的功能属性。

完整的木板将木材天然的美尽情展现出来。

横纹木楼阶有种自然和谐的美。

一根根细细的圆柱立在厚重的宽楼阶一侧形成强烈的对比美。

扶手末端尖锐的走势体现不拘一格的帅气。

巧妙的设计为楼梯穿上花衣浪漫又唯美。

独特设计增添了楼梯的趣味性。

薄薄的楼阶将极简主义最大化的展现出来。

楼梯侧面也可以是很实用的收纳空间。

贯通楼层的金属扶手柱无形中使空间更加高大。

可爱的小楼梯使睡觉也变得有趣。

不同样式的楼梯组合出了多样性。

黑色的扶手走出了折线的魅力。

高台与小楼梯使垂直的空间更丰富。

高挑的空间和暖色的楼梯呼应。

亮黑色楼阶与90度双转角使空间既有延伸感又有收缩。

楼梯中镜面的特殊效果。

铁艺楼梯的在小空间中的使用。

玻璃上的珠帘用玲珑剔透装饰了简洁的楼梯。

旋转楼梯像一个大大的艺术品。

复层楼阶使本就多级的楼梯更富有层次感。

楼梯利落的侧面呈现出扇折面一样的美感。

红漆铁质楼梯展现出独特的工业风。

宽阔的空间使大型直形梯也颇具气势。

新颖的设计让楼梯有了活力和个性。

反向而搭的白色梯子让空间连接多了一种趣味。

黑白如此搭配时尚又有趣。

楼梯做多级处理让上下楼梯的方式更多样。

低矮的楼阶更容易铺设出流畅优美的弧度。

欧式装置艺术楼梯的完美细节。

楼梯铁艺扶手的应用让楼梯不再枯燥。

楼梯铁艺扶手上高贵的雕花让空间奢华起来。

整洁的空间中，楼梯细腻而精致。

楼梯台阶弧形设计，充分考虑到安全性。

深色镂空图案使楼梯成为一大亮点。

红木色使精致的扶手多了中式韵味。

缓转的楼梯呈现出优美曲线。

整齐而列的白色扶手杆散发出安静优雅的迷人气质。

欧式镂空雕花将华美混搭入自然。

360度旋转楼梯像舞动的飘带一样美。

整个楼梯呈现出一种镂空的旋转美。

楼梯婉转的曲线接入复层的弧形边缘。

精致的扶手柱彰显细节质感。

优美的镂空花纹使楼梯颇具艺术魅力。

简洁的铁栏杆与石阶有种直接的现代感。

纯白的楼梯充满简欧风情。

长方形镂空扶手柱凸显中式文化韵味。

大理石长阶楼梯既大气又华丽。

保龄球状的扶手柱充满娱乐精神。

流线型楼梯在室内空间完美结合。

楼阶下的光映射在玻璃扶手上使楼梯延展开来。

简欧风情的洁白楼梯不打破四周的协调。

木质横杆与铁制竖杆混搭出自然都市风。

黑白也可以配出高格调。

简单的镂空图案组合成规整美观的扶手面。

转角的气派精雕彰显贵气与艺术韵味。

扶手展现了大气婉转的轮廓美。

白色立杆使扶手区多了欧式的唯美纯洁。

弧形的楼阶打造优美的扇形入口。

铁艺楼梯扶手充满艺术感。

精致扶手杆为自然朴素的楼梯增添情调。

优美缠绕的铁艺展现出生动的艺术。

金黄色的镂空花纹使楼梯华丽。

简单又个性的镂空花样将楼梯变可爱。

米黄色大理石楼阶明亮华贵。

印在玻璃上的祥云为楼梯增添中式和谐之风。

细薄设计让楼梯也率性利落起来。

楼梯婉转而成天然的海螺纹。

楼梯虽窄却格调十足。

方方正正让楼梯尽显中式稳重的气质。

三种元素混搭出华丽又个性的楼梯。

灯光下木制楼阶的纹理更加自然迷人。

巧妙的组合使楼梯间好似一个精美的木头盒子。

镂空艺术花样让大气的楼梯多了细节的精致感。

逐渐变宽的楼阶尽展壮丽的气派。

深陷的转纹让楼梯多了一种奇异的观感。

不长的楼梯段可以用大片艺术花样图做扶手。

以方形代替球形使楼梯转角的立柱多了一种威严。

渐变色的组合使楼梯颜色不跳跃却更多元。

楼阶下的暗灯制造了浪漫温馨的气氛。

弧形区域的栏杆与楼梯扶手相呼应。

金属元素的加入使旋转楼梯时尚个性。

楼梯展示出建材本质的美。

欧式繁复之美于窗帘和楼梯扶手中交相呼应。

精致的木雕扶手展现欧式高雅。

同样的花样使楼梯扶手面与背景墙充满和谐。

精雕的楼梯柱装饰华丽的家居。

楼梯扭转促使双侧不同的扶手曲线实现空间交互。

朱红色的楼梯让空间厚重起来。

发白的原木色使欧式精雕楼梯柱也自然柔软下来。

精致的白色扶手柱体现淑女气质。

不同颜色的木质材料使楼梯的自然要素更多元。

楼阶边缤纷的小方格让楼梯更安全。

木质扶手将天然的纹理完整表现出来。

厚厚的木楼阶给人朴素踏实的感觉。

花瓶中的花朵与扶手精致的花样相互烘托。

竖条纹使楼阶远亦可观。

半圆形的弧度打造更自然的木质楼梯。

扇形入口让楼梯优雅迷人。

不同材质的楼梯让室内风格更多样。

深黑色带来现代气息。

紧挨着楼梯的摆架让上下楼也有了驻足的机会。

活泼的楼梯扶手面增添趣味性。

深棕色楼梯维持了房间简单的颜色搭配。

超高的扶手柱让楼梯也变高了。

室内楼梯也可以起到分区的作用。

大理石楼梯使餐厅更高档突出。

扶手柱上的灰色使楼梯颜色更丰富。

率直的扶手柱也通过独特的小设计释放出内在的美。

黑色边缘让楼梯也变瘦了。

曲线楼梯使宽广的空间更加大气。

贴着弧形墙壁的楼梯打造整体美感。

以婉转的曲线打造舒适高雅的缓坡楼梯。

金属、玻璃加黑色将时尚发挥到极致。

楼梯间也是一个精巧的储物间。

弧形设计好似特意留出的休息区。

金光闪闪的材质让楼梯夺目闪耀。

白色横截面使楼梯的上下视角呈现出不同效果。

黄铜色更突显了楼梯扶手中繁复花样的艺术美。

显而易见的摞叠楼阶有种真实自然的美。

精致的实木扶手栏杆既装饰了楼梯也装点了复层边缘。

白色的贴墙矮板分离了墙面与楼梯。

白色出头扶手横杆增添流畅感。

楼梯凹造型彰显高大上的气质。

一面小窗将阳光集中在楼梯转弯的平面中心。

平整的楼梯侧面使原木的魅力也被缓缓展开。

楼梯横截面的花样透着浓浓的异域风情。

从一条线上散开的楼阶有种不规整的美。

高大的绿植使楼梯清新自然。

绿植的自然生机装点了旋转楼阶的空隙。

白色大理石楼阶与两侧同样材质的墙壁打造纯粹一致的美。

处在空当的大型绿植为楼梯的自然气质添砖加瓦。

青花瓷样式的横截面将中式韵味带入。

长短楼梯交错回转留下一层层长方形的空当。

旋转楼梯背面的美由镜面映像补充出来。

宽矮的楼阶更加体现楼梯舒适天然的特点。

挂画打造了丰富的楼梯墙。

一扇窗子让人在爬楼梯时也能欣赏美景。

楼梯墙上的挂画为楼梯增添时尚元素。

回形的楼梯俯视造型体现家的内涵。

一根根贯通的细铁柱写意出鸟笼般的精致个性。

墨蓝色的楼梯将深海气息带入室内。

天蓝色使楼梯也活泼可爱起来。

原木与钢铁混搭出城市森林的感觉。

彩色竖条纹横截面将楼梯打造的多姿多彩。

楼梯墙上无序分散的长方形时尚随性。

考究的家装和艺术品使楼梯间价值实现最大化。

纯天然木质楼梯有种未经修饰的自然淳朴。

多元素混搭可以让楼梯更有趣。

楼梯间也可以打造出舒服的坐塌。

楼梯的整体设计充分展示了空间结构美。

灰蓝与纯白的颜色搭配使楼梯充满童真。

简易扶手便捷又不失时尚。

黑色边缘反衬米色楼阶更柔和。

充满艺术细胞的栏杆给开门的人一天好心情。

水泥色的楼梯个性而不粗糙。

丰富的图形组合出素雅的楼梯。

窄窄的木阶散发出小巧迷人的气质。

纯黑楼梯体现冷酷的雄性魅力。

楼梯间俨然化作艺术的殿堂。

小巧而精致的楼梯，实用性很强。

长方形扶手柱排出规整的队形。

细梭性楼梯柱利落又个性。

柔和的原木色使楼阶也十分柔顺。

叉形楼梯柱别有一番横看成岭侧成峰的味道。

气势恢宏的挂画使楼道间也别致高雅起来。

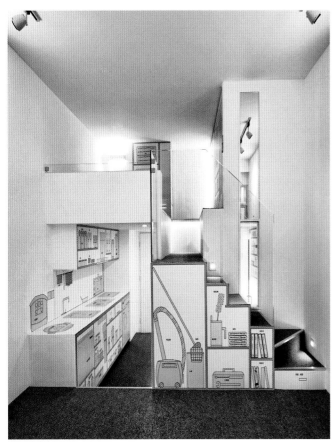

楼梯侧的涂鸦让室内都跟着年轻起来。

楼梯阶与楼梯柱的体积强对比形成过目不忘的风景。

弧形台阶和印花瓷砖让空间更加和谐。

实木楼梯与水泥墙面相互呼应。

SMALL SPACE

小空间

创造\实用\空间\简洁\前卫\装饰\艺术\混合\叠加\错位\裂变\解构\新潮\低调\构造\工艺\功能\创造\实用\空间\简洁\前卫\装饰\艺术\混合\叠加\错位\裂变\解构\新潮\低调\构造\工艺\功能\简洁\前卫\装饰\艺术\混合\叠加\错位\裂变\解构\新潮\低调\构造\工艺\功能\创造\实用\空间\简洁\前卫\装饰\艺术\混合\叠加\错位\裂变\解构\新潮\低调\构造\工艺\功能\创造\实用\空间\简洁\前卫\装饰\艺术\混合\叠加\错位\裂变\解构\新潮\低调\构造\工艺\功能\创造\实用\空间\简洁\前卫\装饰\艺术\混合\叠加\错位\裂变\解构\新潮\低调\构造\工艺\功能\简洁\前卫\装饰\艺术\混合\叠加\错位\裂变\解构\新潮\低调\构造\工艺\功能\创造\实用\空间\简洁\前卫\装饰\艺术\混合\叠加\错位\裂变\解构\新潮\低调\构造\工艺\功能\创造\实用\空间\简洁\前卫\装饰\艺术\混合\叠加\错位\裂变\解构\新潮\低调\构造\工艺\功能\创造\实用\空间\简洁\前卫\装饰\艺术\混合\叠加\错位\裂变\解构\新潮\低调\构造\工艺\功能\创造\实用\空间\简洁\前卫\装饰\艺术\混合\叠加\错位\裂变\解构\新潮\低调\构造\工艺\功能\简洁\前卫\装饰\艺术\混合\叠加\错位\裂变\解构\新潮\低调\构造\工艺\功能\创造\实用\空间\简洁\前卫\装饰\艺术\混合\叠加\错位\裂变\解构\新潮\低调\构造\工艺\功能\创造\实用\空间\简洁\前卫\装饰\艺术\混合\叠加\错位\裂变\解构\新潮\低调\构造\工艺\功能\简洁\前卫\装饰\艺术\混合\叠加\错位\裂变\解构\新潮\低调\构造\工艺\功能\创造\实用\空间\简洁\前卫\装饰\艺术\混合\叠加\错位\裂变\解构\新潮\低调\构造\工艺\功能\创造\实用\空间\简洁\前卫\装饰\艺术\混合\叠加\错位\裂变\解构\新潮\低调\构造\工艺\功能\简洁\前卫\装饰\艺术\混合\叠加\错位\裂变\解构\新潮\低调\构造\工艺\功能\创造\实用\空间\简洁\前卫\装饰\艺术\混合\叠加\错位\裂变\解构\新潮\低调\构造\工艺\功能\创造\实用\空间\简洁\前卫\

SMALL SPACE
小·空间

　　城市生活正变得越来越拥挤。小空间生活不再是一种生活方式的选择，而是一种必要性在大多数城市的财产是昂贵的和空间是宝贵的。

　　小空间设计要点：（1）要使用"轻装修"：小空间减少了固定笨重的装修，空间被挪出来了，人才能活得自在。（2）最少最精的家具制造最精采的小空间：小空间更应慎选精巧的家具，把空间让出来。（3）小空间的布置，应以人为主，收纳为辅：小空间的布置，也应以人为主，而以家具收纳为辅，因为空间小，设计回归以人为本。（4）"超低度天花板"创造最高的空间感：空间要做大，一定得要从天花板动脑筋。（5）小空间应避免繁复图腾或过度张牙舞爪的装饰，但太过清淡"自然味"是有了，但又未免流于单调，焦点垂吊灯具创造视觉焦点。（6）以油漆彩墙，创造视觉立体感：油漆是最有效改变家居氛围的材料，一般人以为小空间面积较局促，墙壁一定要刷白才有空间扩大的效果，其实不然，彩墙颜色若挑选得宜，反而能做出深度感，拉大空间的视觉效果。

金属球造型摆件表达了主人现代时尚的生活观。

欧室内的收纳空间也可以搭配出雅致的感觉。

一面圆镜照出风雅的桌台美景。

床头柜体现两种收纳乐趣。

一束淡粉色花朵给书卷气的书桌又添了花香。

小船样的摆物架使海洋室内风格一目了然。

欧式小桌台放置花瓶与两三本书透出闲适清雅的情调。

连体床柜让最爱睡觉的人也忍不住要看一本书了。

飘窗上的黑色软垫突出了人们对时尚与舒适的共同追求。

几幅挂画让明亮的空间多了艺术气息。

蓝白色基调的软装清新怡人。

酒瓶与绿植混搭出宁静的小资空间。

小桌台给人随手放置的便捷感。

可自由推动的座椅赋予了梳妆台灵动精巧的魅力。

座椅上的白色毛皮尽显华贵。

墙角的工艺品展现了凋零的艺术美。

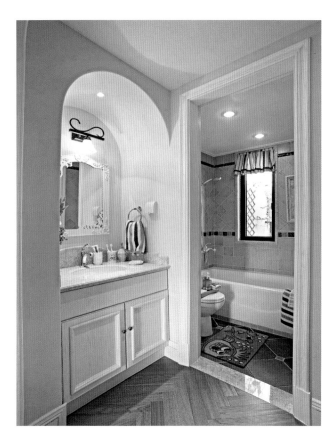

嵌在拱墙中的梳洗台提高了空间利用率。

英格兰铁箱子做茶桌创意十足。

挂饰与挂画对应搭配使过道不再单调。

设计感十足的座椅与衣架使简单的小空间也别具一格。

精致的欧式茶具体现高雅的生活品味。

一道桌旗铺出中国风的韵味。

个性的工艺品为室内带来独特的艺术美。

独特的蜡烛柱增添另类的浪漫情调。

素雅的窗帘打造安静美好的饮茶环境。

精选的盆栽使黑色中也透出生机。

几件古式的软装使床头也有了年代感。

金色的鸟儿活灵活现增添工艺品的生气。

灯笼形状的装饰物充满和谐之意。

充满意境的摆件增添茶几的观赏趣味。

一小枝花的装点使雅致生活如此容易。

绽放的小百花增添用餐的愉悦氛围。

挂画、花瓶与其他就是要将抽象美发挥的淋漓尽致。

繁复精致的软装彰显奢华的生活品质。

花与背景呼应出饶有情趣的视角。

以忠实的猎犬铁制工艺品烘托高贵不俗的家居。

窗前正欲驻足的马儿使房间也充满艺术品的灵气。

简单的花瓶让花儿的美也可以持手一握。

海螺茶具似来带海洋美妙的音律。

紧簇的大花团浪漫又大气。

挂画中生动的两只鹦鹉好似正在学舌。

蝴蝶一样的餐巾有着少女一般爱美的心境。

精致的小物件丰富了室内装饰元素。

颇有姿态的大象摆件带来印尼风情。

别致的摆插造型展现抽象的艺术魅力。

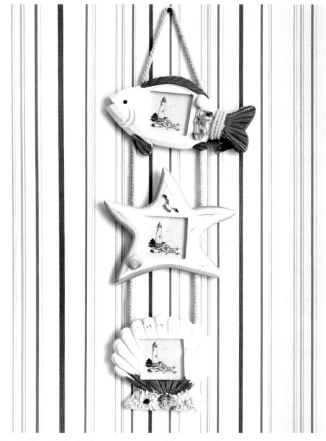

鱼类挂件将在海边玩耍的乐趣也带回了家里。

彩色抽象画使房间颜色与风格都多样起来。

中式门把手优雅而庄严。

餐桌也可以是园艺展示的平台。

自大而小的猫头鹰摆件体现俄罗斯民族风韵。

桌面上的干花与背景墙上的残荷呼应成趣。

两台柔光灯打造昏暗浪漫的氛围

背景墙迸发出古代传说中开天辟地的磅礴气势。

文人风雅由满乘梅枝的青花瓷瓶写意出来。

高处一排排书籍为华贵的房间增添了文化的分量。

渐变蓝与暗金调和出宁静深邃的中式韵味。

大幅风景壁纸使视线也得到了延展。

铁质的框架构建出错综复杂的潮流感。

精致的孩童塑像描绘出西方古典美。

几只简单的花却用浪漫装饰了墙角。

镂空花纹筒罩让烛光也变幻起来。

彩绘的边柜营造出一种西域风情。

明亮的落地窗让人将室内外的景致尽收眼底。

深黑色柜子上金色的绘画更有细节质感。

墙上的白纹黑牛头混搭出自然潮流风尚。

巧妙的一体式设计实力打造"麻雀虽小五脏俱全"的小空间家居。

红色方砖软皮坐给房间一个亮点。

园林风格的对称美学也可以体现在家里。

植物挂画反映了主人对大自然的喜爱之情。

玻璃墙让整个居家都有了连贯的视角。

根雕似得灯身既独特又实用。

合理布局提高了小空间利用率。

弧形转角处的绿植与板凳让人感觉自然闲适。

缤纷的抽象画使房间也有了丰富的色彩。

摆放花瓶的架子单一到真实。

百叶窗可根据时段调节室内光强。

独特的房顶结构给欧式软装增添高级感。

一个黑色实木柜子使通道尽头也有了收纳价值。

转角的矮路灯为自然清新的家装画龙点睛。

一面简单的墙却聚起了"琴艺书画"。

一色的黑白搭配传递简练的现代信息。

楼梯背面的视角得以窥探出设计之巧妙。

从灯光、挂画到矮柜都呈现出完美的对称。

巧妙的木椅设计讲述了价值体现的深奥哲理。

只要一扇窗就可以打造惬意的阅读小空间。

煤油灯罩与仿古沙发套释放出怀旧安详的心态。

地砖上的油画让人行走在艺术之路上。

从天而降的床头灯增添了生活的乐趣。

墙上的小窗口使坐下喝口热茶更加便捷。

橘黄色的摆架为其上的小物件增添明亮的色彩。

房间给人一种隐居生活的闲适宁静之感。

中式造型搭配现代材质体现以人为本的中式设计理念。

绿意盎然的阳台像一个小花园。

个性十足的挂画与盆栽使房间充满非主流。

仿景盆栽为室内增添生动的自然意境。

创意家居将书写区也变得妙趣横生。

生动的墙饰展现出自然艺术魅力。

花瓶中遒劲有力的枝条释放出艺术力量。

以个性的小空间成就半开放的大空间。

灯与小桌相对透出一点浪漫的小情调。

简易的小吧台巧妙的分开了客厅与餐厅。

饱满的生机从一个个多肉小花中绽放出来。

利用余出的背景墙构造一个客厅里的阅读角。

便于移动的茶具让人品茶更随心。

方方正正的木制墙饰简单而自然。

向上发散的灯光使室内光线更均匀。

精巧的床头柜透着甜美的公主风。

橘黄色与白色搭配出活泼时尚的小空间。

方框立体灯具充满穿越感。

抽象的人物画使舒适的窗前氛围多了点个性。

整齐的立体花格为床头柜披上了时尚的外衣。

画中的中式桌台与画外的简欧陈设对比鲜明。

桌台与小窗顺连成景。

高脚五斗柜古典华丽。

软皮具的运用使休息区也异常高档。

一个简单的玻璃插瓶也能带来有机的活力。

抽象的水墨画不画景只写意。

相框、花瓶与装饰盘打造艺术品小展区。

房间运用艳丽的色彩和复杂多变的图样凸显浓浓的民族风情。

床头的百合花象征一对璧人圣洁的爱情。

挂画基色与装饰瓶相呼应给人舒服的感觉。

几个精致的小物件搭配出温馨的艺术画面。

圆润饱满的艺术瓶盛满了自然的气息。

与淡雅小环境形成色彩对比的一串串红黄小果子是视觉的焦点。

一枝红温暖了高冷的艺术界面。

淡雅的毛毡地毯明亮了木制地板。

后翘的凳子腿给生活增添了一点俏皮。

延伸的小红花枝与层层绿色薄片玻璃相映成趣。

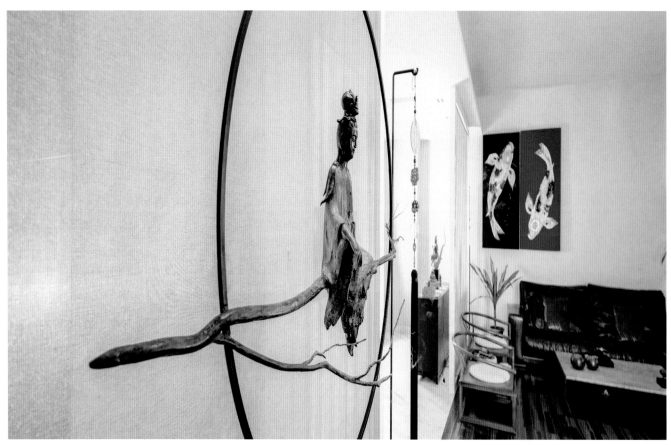

颇具意境的佛像工艺品透出宁静的禅意。

创意涂鸦让规整的房间多了一种混乱的美感。

如此意境与喝茶的心境不谋而合。

随意摆放的水果带来清香的气息。

红蓝挂画中和出舒适的视感。

扇面挂画展现出传统的中式韵味。

圆形装饰镜制造和谐的艺术氛围。

工业风格的顶灯有种不羁的气质。

中空的床头柜添了通透更显轻巧。

墙角的农作物带来阳光泥土的气息。

高处的圆形小窗为房间补充自然光。

农作物装饰让卧室也添了一份丰收的喜悦。

六角形组合吊灯体现空间几何美。

冷暖颜色组合搭配打造温馨又自然的小空间。

气势磅礴的风景壁纸反衬出波澜不惊的生活追求。

木板"浅加工"后的天然色更衬盆栽生机勃勃。

精心搭配的几件工艺品表现出"以和为贵"的民族精神。

艳丽的小花和座椅丰富了吧台的色调。

淡蓝色的瓷瓶凸出清新自然的气质。

互补的颜色比例使两把座椅有了整体美。

动物挂画搭配花瓶为室内增添大自然的生气。

隐于背景的床头灯节省了空间。

沙发凹凸的扶手提供可搭可靠生活享受。

高大的床头柜收纳功能强大。

陶制的和尚搭配根雕描绘出深山密林里充满禅意的生活。

明亮的梳妆镜亦是整齐的收纳柜。

山峦工艺摆件与壁纸远近呼应。

简易小家居打造惬意便捷的阅读区。

大大的抱枕使飘窗小憩时光更加舒适。

沙发靠垫上艳丽的羽毛图案充满艺术风情。

love 的字母盆栽为书房增添浪漫和趣味。

金属鸟笼体现精致个性的生活品味。

一两朵红花为厨房带去温暖的生气。

抽象画让空间活跃起来。

抽象的墙画与棱角柜相呼应。

自然清新的空气从木制小窗外吹进来。

窗前设置书桌与摆物架明亮而宽敞。

一对小巧的石狮子彰显中式的威严。

金属网格椅子清凉时尚。

凹造型的沙发椅有种慵懒的高档感。

旧处理的家具衬于红色壁纸前使这一隅有种寺庙参禅的意境。

绿色的吧台椅增添活泼的气氛。

个性的挂画与摆设似是房间不拘一格的神态。

小鱼游水入茶杯将天然闲适的茶文化表现出来。

一束满天星带入浪漫的香气。

故意垂落的盆栽以奇异的姿态吸引着目光。

烟状镜面背景创造亦真亦幻的独特景致。

宝蓝色与橘红色搭配出柔和的对比美。

中间的横断既可分区亦可搁物。

一面明亮的立镜活跃了用餐的气氛。

时尚的金色打破了工业风灯泡的沉闷。

一个精美的花瓶使用餐也美好宁静了起来。